小牛顿 科学与人文

将科学的触角伸入更多领域，让科学更生动更有趣

白娘子为什么怕喝雄黄酒？
故事中的神秘化学

小牛顿科学教育有限公司 / 编著

内附科学视频

中国出版集团　现代出版社

小牛顿 科学与人文

来自海峡两岸极具影响力的原创科普读物"小牛顿"系列曾荣获台湾地区 26 个出版奖项，三度荣获金鼎奖。"科学与人文"系列将"科学"与"人文"相结合，将科学的触角伸入更多领域，使科学更生动、多元、发散。全系列共 12 册，涉及植物、动物、宇宙、物理、化学、地理、人体等七大领域。用 180 个主题、360 个科学知识点来讲解，并配以 47 个有趣的科学视频进行拓展，扫描二维码即可快捷观看，利用多媒体延伸阅读。本系列经由植物学、动物学、天文学、地质学、物理学、医学等领域的科学家和科普作家审读，并由多位教育专家、阅读推广人推荐，具有权威性。

科学专家顾问团队（按姓氏音序排列）

崔克西	新世纪医疗、嫣然天使儿童医院儿科主诊医师
舒庆艳	中国科学院植物研究所副研究员、硕士生导师
王俊杰	中国科学院国家天文台项目首席科学家、研究员、博士生导师
吴宝俊	中国科学院大学工程师、科普作家
杨　蔚	中国科学院地质与地球物理研究所研究员、中国科学院青年创新促进会副理事长
张小蜂	中国科学院动物研究所研究助理、科普作家、"蜂言蜂语"科普公众号创始人

教育专家顾问团队（按姓氏音序排列）

胡继军	沈阳市第二十中学校长
刘更臣	北京市第六十五中学数学特级教师
闫佳伟	东北师大附中明珠校区德育副校长
杨　珍	北京市何易思学堂园长、阅读推广人

编者的话

童话故事除了有无限丰富的想象力，还可以带给孩子什么启发呢？如果看故事的同时，还能带领孩子探索科学奥秘，充实生活的知识与智慧，该有多好。

有没有想过，是什么物质让《化为蛇形的白娘子》里的白娘子现出蛇形？《夏洛特的网》中，夏洛特吐出的蜘蛛丝里有什么成分？《摩西的诞生》中，盛放摩西的小篮子为什么不会沉到水里？其实，在小朋友耳熟能详的童话故事里，蕴藏着许多有趣的科学现象。

本系列借由生动的童话故事，引发儿童的学习动机，将科学原理活泼生动地带到孩子生活的世界，拉近幻想与现实的距离，让枯燥生涩的科学知识染上缤纷色彩。本系列分成动物、植物、物理、化学和地球宇宙等领域，让孩子在阅读过程中，对科学知识有更系统性的认识。透过本书一张张充满童趣的插图、幽默诙谐的人物对话、深入浅出的文字说明，带领孩子从想象世界走进科学天地。

化为蛇形的白娘子

　　许仙和白素贞结为夫妻后,开了保和堂药店。他们治好了许多病人,因此,到金山寺求神问佛的信众就减少许多,而当金山寺和尚法海来到保和堂察看时,一下子就认出了白素贞其实是一条千年蛇妖。他决心要铲除这个妖怪。

　　这一天,法海趁着白素贞不在,登门找许仙。他劈头就对许仙说:"施主满脸黑气,浑身不祥,果然是被妖孽所缠。"许仙惊恐地问:"什么妖孽,为何要缠着我?"法海压低了声音:"这名蛇妖正是你的妻子白素贞,不信的话,你在今年端午节,劝她多喝几杯雄黄酒,她必现原形。"

　　依照江南民俗,端午节这天百姓要点燃艾草,熏杀五毒害虫,即使有千年修行的蛇妖到此时也会全身无力,心神恍惚。白素贞往年都会到深山避难,但是今年已经与许仙成亲,白素贞舍不得离开。

　　许仙倒了杯雄黄酒到卧房敬娘子,白素贞推托身体不适加上怀有身孕不能喝酒。这时许仙突然想起法海的话,于是带着玩笑的心情对妻子说:"有人说娘子是蛇妖所变,若在端午饮下雄黄酒必现原形……"白素

　　贞心头一惊，强笑道："是谁胡说啦？官人今日劝酒，莫非有意试我？"许仙连忙否认，摇摇手说："我当然不信这种邪说，就算娘子真是妖怪，我也不离开你。今天你身体不适，还是别喝了。"白素贞为了获得许仙信任，赌上自己修行千年的法力，接过酒喝下。谁知黄汤下肚，肚痛难忍。

　　许仙连忙将妻子安顿好，去药房调了醒酒汤，放在帐外的桌上，自己先招呼客人去了。过了一会儿他走进房，发现醒酒汤仍放在桌上，于是掀开床帐想喂妻子喝汤，没想到床上竟盘踞着一条大白蛇，许仙吓得昏死过去。

科学教室

防虫的艾草与菖蒲

每年到了端午时节,气候总是潮湿又闷热,也容易滋生各种虫类,造成病害。因此习俗上会在这个时节点燃艾草熏香,并且在门口挂上艾草与菖蒲。

艾草的茎和叶片富含挥发性的植物精油,有驱虫、净化空气的效果。而艾草的香气也有安神、镇静的作用,所以也有人将干燥的艾草做成香包,放在床头。

菖蒲叶片的形状很像一把剑,古人将它与艾草同时挂在门口,以期达到避邪的效果。菖蒲拥有一种独特的芳香,特别是它的根和茎,某些品种的菖蒲可以取其地下根茎,晒干后制成中药。

艾草

菖蒲

雄黄酒能喝吗？

古人将矿物雄黄磨成粉，和菖蒲一同泡制成酒，在端午节那天饮用，并且洒在房屋角落，以防止蚊虫滋生。对于不能饮酒的小孩儿，则会将雄黄酒涂抹在其额头及耳鼻之处。然而雄黄主要的成分是含有砷的硫化物，砷是一种重金属，加热之后就会变成砒霜，毒性很强。虽然微量使用有杀虫的功效，但不适合食用，也不应该涂抹在皮肤上，一不小心使用过量，后果可能就是砷中毒了！

家家户户庆端午，最好还是不要喝雄黄酒哦！

雄黄矿小档案

雄黄是一种经常出现在温泉、火山喷气口中的矿物。雄黄矿质地软，通常呈现块状、粒状或是粉末状，放在阳光下暴晒，就变成黄色的雌黄。因为雄黄矿中含有砷，所以通常开采雄黄矿来提炼砷。砷虽然有毒，但却能在铅中加入少量的砷构成砷铅合金，制造成子弹头、火药和毒药；也可做成农业上所使用的杀虫剂；或者用来防腐木材、制作皮革和乳白色的玻璃。

雄黄酒中竟然含有砷，难怪我喝了马上中毒。

白雪公主与毒苹果

　　白雪公主听从猎人的指示，为了逃离想要杀害她的王后，她拼命地往森林深处逃。还好她遇见了七个小矮人，他们收留了白雪公主。白天小矮人出门工作的时候，白雪公主就留守在家，做些家务事。

　　这时候，王宫里的王后，一心以为白雪公主已经被猎人杀死了。她期待不已地再次拿出魔镜，问道："魔镜啊，魔镜！谁是世界上最美的女人呢？"

　　魔镜回答："世界上最美的女人是住在森林里的白雪公主。"

　　王后又惊又怒，决定亲自出马杀死白雪公主。她制作出一个毒苹果，混入普通的苹果中，毒苹果的外观和一般苹果无异，只有王后知道哪个才是被下了毒的。然后她把自己乔装成一个丑陋的老妇人，提着一篮香甜多汁的苹果，来到小矮人的农舍，向白雪公主兜售苹果。

白雪公主起先不敢买苹果，王后为了博取她的信任，于是把苹果切成一半，吃了一口让白雪公主看。因为苹果太香了，白雪公主忍不住拿起了另外一半，没想到只咬了一口，就倒在地上死去。原来王后在制作毒苹果时，只在一边下了毒，另一边却是好的。这时，看到白雪公主终于死去，王后开心地放声大笑："现在，我是全世界最美丽的女人了！"小矮人回来后，将可怜的白雪公主放进水晶棺材中，又不忍心将她埋葬，边哭边在一旁守候她。

过了三天三夜，白雪公主的脸色依旧红润，看起来栩栩如生。这时一位王子经过，惊讶于白雪公主的美丽，于是恳求小矮人让他带走白雪公主。小矮人看王子十分真诚，于是同意了。谁知玻璃棺材刚抬起来时被撞了一下，那块毒苹果从白雪公主的嘴里飞出来，白雪公主马上就醒来了。

毒苹果为什么有毒？

到底是什么毒苹果，能让白雪公主咬一口就昏死过去呢？

《白雪公主》是格林童话里的著名故事，来源于欧洲地区的民间故事。所以我们可以推测，王后制作毒苹果的原料，可能就是当地的有毒植物——颠茄。颠茄是原产于西欧的茄科植物，它的果实成熟后是黑色的，尝起来酸酸甜甜的，很好吃，但其实全身上下都含有剧毒，尤其是成熟的浆果和叶片的毒性最强，相当可怕。毒性的主要成分是生物碱，误食之后会影响人体的神经系统，导致瞳孔放大、嗜睡、幻觉、昏迷甚至死亡。儿童只要吃进两粒果实就有可能致命。至于白雪公主，大概是因为只吃了一口毒苹果，所以才会出现神经瘫痪而呈现假死的状态，真是"大难不死，必有后福"啊！

我看你的化学应该不及格。

哼！毒苹果居然失败了！

颠茄虽然是一种有毒植物，但在中世纪之前曾经被作为麻醉剂使用。目前也被用来作为镇静剂，辅助治疗肠躁症。

巫毒僵尸与河豚毒素

与毒苹果有异曲同工之妙的，大概是海地巫毒教的"僵尸"。据说巫毒教的巫师有一种阴险的手法，就是利用药物迷昏被害者，使他呈现假死的状态，然后在丧礼之后将被害者挖出来，利用某些残酷的手段让被害者失去记忆，再控制被害人的行动，当成奴隶使唤。而这种药物很可能就是河豚毒素。

河豚毒素存在于河豚内脏中（特别在卵巢），是一种剧毒物质，就算加热也无法去除，而且目前也没有解药。误食河豚毒素后，会使人体神经麻痹，血压下降，影响呼吸系统甚至导致死亡。但是这种可怕的剧毒也是一种良药——河豚毒素是一种很有效的麻醉药和止痛剂，特别是对于癌症末期的病人来说，效果好又不会上瘾。河豚毒素也可作为镇静剂，用来舒缓气喘和百日咳的症状。

箱鲀连皮肤都含有毒素，可别随便接近它哦！

既是良药，也是毒药

有没有发现，本篇出现的颠茄生物碱和河豚毒素，既是毒药，同时也是对于某些病患有所帮助的良药呢？其实有很多化学物质，在低剂量的时候可以作为药物，而服用过量就会导致中毒呢！所以当我们去医院看病，拿回医生开的处方药时，一定要按照医嘱服用，避免药物中毒哦。

年兽

很久以前，海底沉睡着一只怪兽，它一睡就是一年，每年都在同一个时间醒来，并到陆地上，所以大家把这只怪兽取名为"年兽"。

年兽体积庞大，极具破坏力又很暴躁，当它醒来的时候肚子总是很饿，需要找东西吃，于是它浮出水面前往人类聚集的村庄，见到人和牲畜，抓来就吞到肚里。由于它的体型巨大，所经之处，房屋和田地也都被严重毁坏了，就这样闹了一整晚，它才会回到海底沉睡。

每年到了这个时候，村民们只能打包家当，带着家人逃进深山中，根本没有人敢留下来，隔天再度回到村庄时，也只能咬紧牙关，默默地检查损失并重建家园。

有一年，在年兽即将到来前，一位老乞丐来到了这个村庄，他沿路乞讨却没有人理他，因为大家都在打包行李准备逃命。有位好心的老婆婆拿了一些饭菜给他，并且告诉他即将发

生的事情，劝他吃完饭就赶紧逃命去。没想到老乞丐对她说："为了答谢你，我决定帮你赶年兽，你快点逃难去吧！我留在这儿帮你看家。"说完，老乞丐在老婆婆家门四周贴上红纸，自己则换上了红衣服。

到了夜里，年兽果然大摇大摆地走进村庄开始破坏，当年兽走到老婆婆屋前时，老乞丐突然从屋里冲出来，手上拿着一串长长的爆竹，当爆竹噼里啪啦炸开时，年兽吓坏了，它大吼一声冲回深海里，不敢再出来了。隔天村民们回来后，发现老乞丐竟然还活着，而老婆婆的房子也完好如初，便向老乞丐请教赶走年兽的方法，这才知道，原来年兽害怕红色、火光和爆竹燃爆的响声。

从此，过年的时候，大家都会穿上红色新衣，燃放爆竹，并在初一早上互道恭喜，庆祝大伙儿又平安躲过了年兽。

爆竹里的科学

最早在过年的时候，老祖先们会燃烧竹子以驱赶邪魔鬼怪。因为竹子是空心的，当里头的空气加热膨胀后，会"砰"的一声把竹子炸开，故称为"爆竹"。后来，炼丹术士发明火药，人们就不再烧竹子了，改成将火药填充到竹筒里，制作成新式的爆竹。火药的主要材料是硝石、硫黄和木炭，其中木炭是燃料，硝石和硫黄是助燃的氧化剂，火药在燃烧时会快速产生大量的气体，而当它们被放置在竹筒这种密闭空间中燃烧时，大量的气体就会撑破竹筒产生爆炸。虽然现在已经不用竹筒作为鞭炮了，不过"爆竹"一词依然沿用了下来。

黑火药里的主要成分是木炭、硫黄和硝石，以一硫二硝三木炭的比例混合而成。

炼丹术士在修炼丹药时，无意间发明了火药。

扫一扫，看视频

威力十足的黄色炸药

这些做成爆竹的火药都是"黑火药",另外一种火药的威力可就强多了。18世纪时,西方国家发明了用化学合成的黄色染料,染色力极强,叫作"苦味酸",到了1873年,才被发现可以作为炸药,后来广泛应用在第一次世界大战、中日甲午战争及日俄战争中,称为"黄色炸药"。然而苦味酸很容易和包裹它的金属产生反应,时常发生意外爆炸,便逐渐被后来发明的TNT炸药所取代了。

爆炸力十足的TNT炸药也是黄色的,一样被称为黄色炸药。因为是合成的所以价钱比较便宜,遇到金属也稳定,可以存放多年,20世纪下半叶便取代了苦味酸。不过TNT炸药在遇到碱性物质的时候就会产生不稳定的物质,而容易发生爆炸,而且在使用之后会产生有毒的物质,污染环境中的水源,十分难处理。

尔后合成的新式炸药如今也取代了TNT炸药。

可不能拿黄色炸药来做烟火或鞭炮哦!

哈姆恩的吹笛人

哈姆恩小镇出现了大量老鼠，这些老鼠让居民们头痛不已。刚开始居民们养猫来驱逐老鼠，然而老鼠的数量实在太多了，连猫都应付不了而被吓跑了。镇长和居民们决定发出悬赏令，若是有人能够解决鼠患，谁就能获得一大笔奖金。

不少人闻风而来，包括古怪的吹笛人——一个穿着鲜艳华丽的衣服，手上拿着一只笛子的卖艺人。吹笛人声称自己是抓老鼠的专家，只要他出马就可以解决鼠患的问题。他问镇长和居民："如果我帮你们赶走老鼠，能得到什么好处呢？"镇长和居民们保证说会给他一笔奖金，并且尽力满足他所想要的东西。

"好吧！一言为定。"吹笛人举起他的笛子，在路上边走边吹了起来。奇妙的是，老鼠听到笛子的旋律竟然开始聚集，从每家每户、水沟、阴暗的角落里爬出来，并且像是被催眠了一般跟着吹笛人的脚步走。这个吹笛人绕了镇上一圈，带着所有的老鼠走出了小镇，来到郊外的一条河旁，老鼠们像是得了梦游症一样，一只一只地跳进河里，淹死了。

　　哈姆恩小镇的鼠患顺利解决了。然而当吹笛人走回镇上想领取奖金时，镇长和居民们却翻脸不认人了。他们说老鼠是自己掉进河里淹死的，甚至还想赶走吹笛人。于是吹笛人说："这些不守承诺的人啊，我将会夺走你们最珍视的东西。"

　　吹笛人离开了，居民们则因不需花上一毛钱就解决鼠患而大肆庆祝。隔天，吹笛人又出现在镇上，他看起来十分冷漠，就像变成了另一个人。当他开始吹笛的时候，镇上年幼的孩子们竟然开始聚集，像老鼠一样被催眠，跟着吹笛人一起离开了城镇，最后消失在山里。只有一位跛脚的孩子因为跟不上队伍，只好回到镇上，告诉大家事情的经过。哈姆恩的居民们再后悔，也唤不回吹笛人和他们的孩子了。

鼠患的危机

城市里过多的老鼠，带来的可不止是卫生的问题而已。老鼠身上的跳蚤，带有致命的细菌——鼠疫杆菌，曾在人类历史上造成三次重大的灾情。第一次发生在公元6世纪，起源在埃及，后来波及欧洲；第二次从14世纪开始，前后总共夺走了7500万条人命（约占中世纪欧洲人口总数的30%～60%），也就是令人闻风丧胆的黑死病；第三次大爆发则是在19世纪末，起源于中国南方，随后波及美国、欧洲和非洲。有些鼠疫杆菌经由跳蚤传染给人类后，还会经由咳嗽的飞沫再传染给下一个受害者，传播的速度相当快，所以是十分危险的传染病。

被带有鼠疫杆菌的跳蚤叮咬后会出现什么症状呢？鼠疫杆菌会通过血液感染全身，让患者发高烧，皮肤有血斑，脸部肿胀，最后全身长满黑斑而死亡，这也是被世人称为黑死病的缘由。所以平时在家应该注意环境卫生，在郊外可穿着浅色的裤子、袜子，并将裤子塞进袜中，别让跳蚤找上你。

老鼠通常对鼠疫杆菌免疫。寄生在老鼠身上的跳蚤，它们的肠道才是鼠疫杆菌真正生活的地方。

还好我有穿袜子来保护脚，否则被跳蚤叮到可不得了啊！

救命的抗生素

抗生素是一种能抑制或杀死细菌的药。

最早发现的抗生素，是由青霉菌分泌出的化学物质——青霉素，又被称为盘尼西林（意思是"有细毛的"，因为青霉菌在显微镜底下看起来有许多细毛）。后来借由人工合成出盘尼西林，并研发出多达上百种的抗生素，用来对抗各种细菌的威胁。

拜抗生素所赐，现在受到鼠疫杆菌感染的人，不会再像以前的人一样，只能躲起来等死了。链霉素、多西环素、庆大霉素以及多种抗生素都能对抗鼠疫杆菌。然而细菌也不是省油的灯，它们会不断进化找出抵抗抗生素的方法，也就是产生了抗药性。所以抗生素可不能毫无节制地乱用，否则当拥有抗药性的细菌再次找上我们时，抗生素恐怕就失去效用了。

显微镜下的青霉菌。

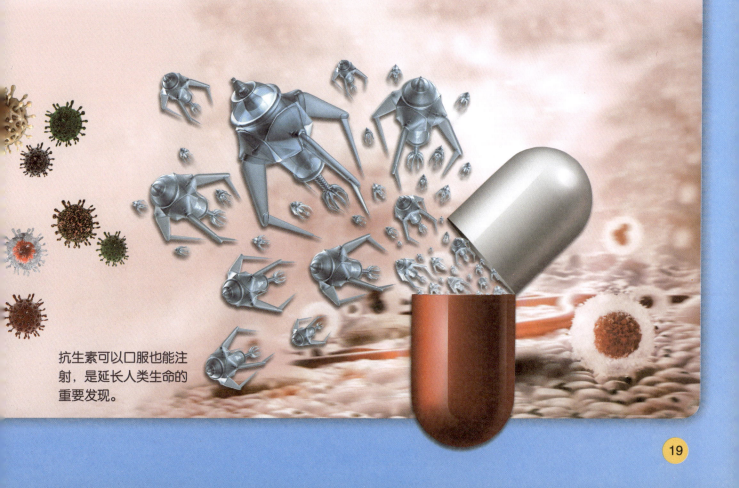

抗生素可以口服也能注射，是延长人类生命的重要发现。

下金蛋的鹅

　　从前有一对以耕田为生的夫妇，他们种出来的庄稼，只能勉强喂饱自己的肚皮，所以一直过着贫苦的生活。值得庆幸的是，他们有一只母鹅，这只母鹅每天都能下一颗蛋，为他们加点菜。

　　有一天早上，农夫照例前往母鹅的窝里取蛋，发现母鹅竟然产下了一颗黄澄澄的金蛋。农夫简直不敢相信自己的眼睛，他的心脏怦怦跳，赶紧捧着金蛋去给妻子看。兴奋不已的夫妻俩马上到镇上卖掉这颗金蛋，换了许多钱。不需要努力就能赚钱，这可是从来没有发生过的事情！等到第二天再去取蛋时，发现母鹅又产下了一颗金蛋，夫妇俩笑得合不拢嘴，心里想着他们即将要变得非常富有了。他们利用金蛋换取的钱买了一块肥沃的田地，盖了一栋

漂亮的大房子，请了许多用人，从此过着舒心又享乐的生活。但是财富并没有使他们知足，他们变得越来越贪心。

有一天晚上，当他们躺在床上准备睡觉的时候，妻子对丈夫说："我们这只母鹅每天都只下一颗金蛋，我猜它的肚子里肯定还有很多很多的金蛋，也许就是个金库呢！"丈夫同意了她的看法，提议道："不如我们把母鹅杀了，把它肚子里的金蛋全拿出来吧？"于是他爬起来，从厨房拿了一把刀，把他们唯一的母鹅给杀了，剖开肚子后，却发现里面和一般的鹅并没有什么不同，一颗金蛋也没有。

蛋里的黄金

对于古时候的人来说，蛋是十分珍贵的营养来源。就拿我们平日最容易取得的鸡蛋为例，小小一颗蛋就含有蛋白质、脂肪、卵磷脂、维生素和矿物质。大多数的养分都集中在蛋黄中，因为对一颗受精过的蛋来说，蛋黄提供了胚胎发育所需的营养。专家建议一天吃一颗蛋，对身体有好处，那么蛋该如何烹调，其中的营养才最能被人体所吸收呢？一般来说，水煮蛋、蒸蛋的养分最容易被人体所吸收。炒蛋次之，然后是油炸蛋，最后是生蛋。所以我们吃蛋的时候最好选择水煮蛋，而且要煮全熟哦，否则很有可能会吃进有害的细菌呢！

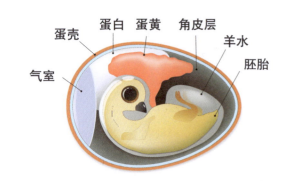

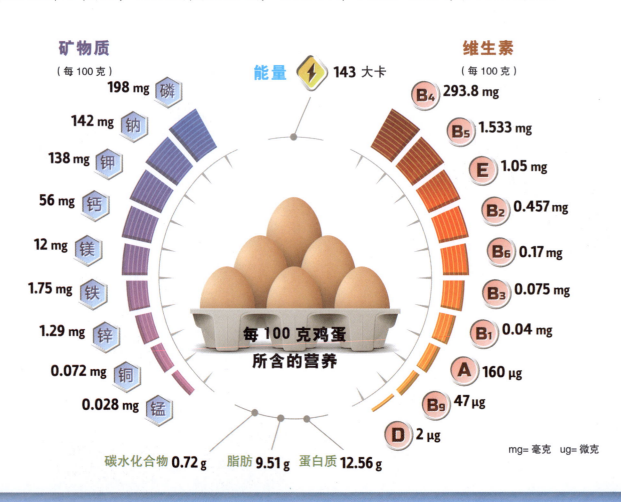

皮蛋与咸蛋

皮蛋和咸蛋一般都从鸭蛋加工而来，这两种腌制的蛋是中国自古流传至今的美味，拿去请外国人品尝，他们还不一定能接受呢！

我们就来看看是什么化学原理，让正常的鸭蛋变成这个"怪样"吧！

皮蛋和咸蛋的风味独特，样子也有些怪异，是华人特有的传统美食。

咸蛋是利用盐渗透到蛋里，让蛋固化，带有沙沙的口感。不过盐并不能起到让蛋白质凝固的作用，所以吃的时候还是要加热才能食用。

咸蛋腌制的方法——将盐、油、水、香料与泥沙或黏土调和成泥浆状，再将新鲜的鸭蛋洗净、晾干后放入，密封三个星期后，就变成生咸蛋，吃的时候必须要加热，达到充分杀菌的作用。

而皮蛋则是利用碱性物质让蛋凝固。蛋黄中的蛋白质分解成氨基酸，所以尝起来有股鲜味，而硫化物则会让皮蛋看起来黑绿黑绿的。

这是哪里来的怪蛋？怎么是黑色的？

桑波的新衣服

从前有一个小男孩儿叫作桑波。有一天妈妈帮他买了帅气的红色外套以及漂亮的蓝色裤子，爸爸为他买了一把绿色雨伞和一双可爱的紫色小鞋。桑波好得意，穿上了他的新衣服，决定到森林里散步。

桑波走着走着，遇到了一只年轻的老虎，老虎大吼一声："我要把你吃掉。"桑波吓坏了，哀求道："我把红色外套送给你，求求你别吃我。"老虎穿上红色外套后，很满意地说："现在我是森林里最帅的老虎啦！"然后摇头摆尾地走了。

桑波继续走着，遇到了一只笑面虎，笑面虎边笑边对他说："嘿嘿嘿……我要吃掉你！""求求你别吃我，我把漂亮的蓝色裤子送给你。"笑面虎抢走了蓝裤子后，笑嘻嘻地说："现在我是森林里最帅的老虎了。"

不幸的是，不久后桑波又遇到一只优雅的老虎，它礼貌地询问桑波："嗨，我肚子好饿，可以把你吃掉吗？"桑波哀求老虎："我把可爱的紫色小鞋送给你，求求你别吃我。"优雅的老虎说："可

是我有四只脚,你只有两只鞋呀!"桑波建议老虎把小鞋戴在耳朵上。老虎开心地说:"现在我是森林里最帅的老虎了!"

桑波累得只想回家,谁知道刚绕过一个弯,又遇到全森林里最凶的老虎,它威胁桑波说:"你快自动跳到我嘴里吧,省得我费力。"桑波只剩下手里的雨伞了,他告诉老虎若是在尾巴上绑上绿色的小伞,就会让它看起来更雄壮威武。凶老虎照做了,它得意地嚷嚷:"现在我是森林里最帅的老虎了!"然后放过了桑波。

可怜的桑波,新衣服全部被老虎抢走了,他难过得边走边哭,突然间他听到如雷的嘶吼声,于是快速躲到树上,发现先前遇到的四只老虎正在打架,互相争执谁才是森林里最帅的老虎。老虎们绕着椰子树互相追逐,每只老虎都咬着前面老虎的尾巴,最后越转越快,终于化成了奶油。躲在树上的桑波顺利地取回了他的新衣,并将老虎奶油带回家。他的妈妈用这些奶油做了好多松饼,饥饿的桑波总共吃了169个松饼呢!

美味的奶油如何得来？

新鲜的牛奶挤出来的时候，脂肪通常会漂浮在上层。我们利用离心机将脂肪分离出来以后，就是香浓的鲜奶油。鲜奶油经过高温杀菌以及快速搅拌后，包覆在脂肪外的薄膜会被破坏，使原本游离的脂肪逐渐凝聚起来。等到脱水之后，再将它们揉搅在一块儿，这时就会形成块状的奶油。最后再视需求加入盐调味，就是一般我们常吃的奶油了。一千克的奶油大约需要22升的鲜奶才能提炼出来。

好吃好吃！热热的奶油真的好香啊！比人造奶油好吃多了。

人造奶油的健康危机

人造奶油比天然奶油来得便宜，因为它是利用植物油通过化学反应（氢化反应）加工而成的。氢化反应可将原本呈液状的植物油转变成固体，然后再加上人工色素和香料，使它的风味更贴近真正的奶油。人造奶油虽然曾经大量取代了昂贵的天然奶油而成为烘焙用的原料，但现在人们发现这些经过氢化反应的植物油会产生对人体有害的"反式脂肪"，反式脂肪被证实会增加心血管疾病和癌症的风险。所以当你在选购含有奶油的食品时，一定要睁大眼睛看清楚有没有氢化植物油的成分哦。

椰子油的小秘密

小朋友，你们见过椰子油吗？是固体还是液体的呢？椰子油是一种特别的植物油，它和动物油（猪油、鹅油、奶油……）一样含有大量的饱和脂肪，因此在温度24℃以下是呈现固体的状态。

故事时间

酿酒的故事

据传，在黄帝时期，杜康是黄帝手下负责管理粮食的大臣。他收到大量农作物后，便存放在山洞里，没想到山洞里阴暗潮湿，时间一久，粮食全部腐坏了。

黄帝痛骂了杜康一顿："管理粮食是攸关百姓生计的大事，怎可轻忽！"杜康十分惭愧，赶紧打起精神，四处寻觅可以存放粮食的地方。有一次，杜康在森林里看到几棵已经枯死的大树，

树干中空，他灵机一动，决定把粮食贮放在这些大树洞里。

过了两年，杜康前来查看粮食时，忽然发现储粮的枯树旁横七竖八地躺着几只山羊、野猪和兔子。"怎么有动物死在这里呢？"他走近一看，发现动物们居然还活着，只是睡着了。杜康更纳闷了："为什么这些动物会集体睡着呢？这也太不寻常了。"

这时，他看到有只山羊在储粮的枯树前用舌头舔了舔，山羊舔了几口后，身体开始摇晃，没走几步就躺在地上了。杜康连忙走近察看，发现原本储粮的枯树中间，裂开了一条细缝，里面有水不断往外渗出，原来动物们就是舔了这种水才倒在地上的。杜康凑过去用鼻子闻，"这水闻起来好香啊！"他忍不住尝了一口，有点辛辣，但却让人想要一尝再尝。杜康连喝了几口才发现不妙，他感觉周遭景物都在打转，没多久，就倒在地上昏睡过去了。

不知过了多久，杜康才慢慢清醒过来，所幸身体没有异状，甚至觉得精神饱满，神清气爽。杜康便带着这种水向黄帝报告，黄帝仔细品尝后觉得味道很好，就没有责备杜康了。后来这种水被称为"酒"，杜康也被后世尊为酿酒始祖。

科学教室

采收

压碎

发酵

挤压过滤

水怎么变成酒？

酒是怎么来的呢？最早在9000多年前，人类就知道如何酿酒，他们利用水果、大麦、稻米等酿制果酒、啤酒和米酒。

可是，古代的人并不清楚酒是怎么生成的。他们只知道将特定的原料放进木桶、陶罐等容器中进行密封，并控制在一定的温度条件之下，就可以制造出酒。实际上，酒的酿造需要酵母菌。酵母菌可以把水果、谷物中的糖分转变成酒精，这样的过程被称为发酵作用。而这个秘密一直到17、18世纪才被化学家所发现。化学家不仅发现了酒精中有酵母菌的存在，也了解酵母菌的功用，甚至找到了各种各样的酵母菌！直到现在，酿酒技术仍然是一门深奥的学问呢！

储存 → 装瓶

快来品尝我们辛劳的成果吧！

酿造酒与蒸馏酒

经过酵母菌酿造出来酒,我们称为酿造酒。酿造酒的酒精浓度最高只能到20%,此时原料中的糖分已经完全被转化成酒精了,而酵母菌也不容易在酒精浓度大于16%的环境中存活。酿造酒的原料可以分成果实、谷物和乳品三种,常见的有葡萄酒、米酒和马奶酒。

蒸馏酒则是将酿造酒经过蒸馏,浓缩变成酒精成分较高的酒类。将酿造酒加热到78℃左右,让酒精蒸发,经过冷凝作用所收集到的蒸馏酒,是属于烈酒,酒精浓度大都在40%以上。常见的蒸馏酒有威士忌(以麦为原料)、伏特加(以马铃薯为原料)、白兰地(以葡萄为原料),以及白酒(以梁谷为原料)。

葡萄酒储存在橡木桶中,放在地下的酒窖内储存。不同种类的橡木制成的桶会影响葡萄酒的风味。

这是干邑白兰地的蒸馏设备。这种白兰地必须在法国干邑或周边地区,以铜制蒸馏器蒸馏两次,并且储存在特定的橡木桶中密封两年,才能称为干邑白兰地。

红桑葚与紫桑葚

西汉末年发生了连年旱灾，许多农作物长不出来，庄稼歉收，田地也都龟裂了。老百姓们生活困苦，常有饿死的情况发生，四处抢劫的盗匪也横行无阻。

在许昌城外有一个小村庄，村里有个年轻人，名字叫蔡顺，他的老母亲和妻子都因为营养不良而生了病，蔡顺只好在郊外到处寻找能吃的野菜充饥。小河西边的红土岗上正巧有野生的桑葚，所以蔡顺常去那里采食。这一天蔡顺摘完了桑葚，背着竹篓准备要回家，刚好走到河边时，不巧遇到了一个强盗。强盗手上提着刀，身材壮硕，还有一对红色的眉毛，原来强盗将自己的眉毛抹上红颜料，自称赤眉军。

　　他凶狠地威胁蔡顺，若是不交出身上的钱财，就要杀了他，还要把他丢进河里喂鱼。蔡顺吓倒了，扑通一声跪在地上哀求："我身上真的没有钱，求您行行好，我的老母亲和妻子都生病了，他们全靠我摘桑葚才能有的吃，拜托让我先将桑葚背回家吧！"

　　强盗看了看竹篓里的桑葚，问蔡顺："为何要把桑葚分成紫色、红色和青色的各一篓呢？这样不是很麻烦吗？"蔡顺说："紫色熟透的是要给老母亲吃的，红色还不太熟的是留给妻子吃的，而这青色不熟的是我自己吃的。"赤眉强盗眉头一皱，对蔡顺说："快走吧。"蔡顺背起了竹篓就回家了。

　　没想到过了一会儿，蔡顺竟然跑回来找那名强盗，对他说："谢谢您让我先将桑葚送回家，现在请将我杀了吧！"说完之后就跪下，把头一伸。强盗见蔡顺是个孝子，自己做这样伤天害理的事情实在对不住他，于是掏了一些碎银子给蔡顺，要他回去给家人治病，蔡顺喜出望外，连忙道了谢，便赶紧回家了。

为什么有不同颜色的桑葚？

你吃过桑葚吗？酸酸甜甜的滋味，令人想到就口水直流。

桑葚会有青色、红色和紫色的差别，关键在于花青素的含量。花青素是一种普遍存在于成熟果实中的色素，日光越强，植物产生的花青素就会越多。刚冒出的桑葚果实，看起来绿绿的，一点儿也不好吃。经过阳光的洗礼，果实中的花青素会慢慢累积，所以逐渐转变成红色。等到花青素更多时，桑葚就会逐渐转为紫黑色，这时候吃起来最为香甜可口，也会吸引各种鸟类、动物前来品尝。

许多果实在成熟的过程中，都会需要阳光的帮助，才能顺利将果实中的酸度降低，甜度提高，并让果实颜色转变成红、黄、紫等"成熟"的颜色，用来昭告天下："我很好吃，快快来吃我吧！"如此一来，植物的种子才能顺利地传播出去。

1. 每年春夏之际，就是桑葚开花的季节。

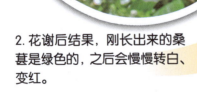

2. 花谢后结果，刚长出来的桑葚是绿色的，之后会慢慢转白、变红。

3. 红色的桑葚还没有完全成熟，要变成紫色的才算是完全熟透。

植物的色素

植物的细胞里，有许多不同的色素，这些色素扮演着不同的功能，是植物用来进行光合作用，让自己成长茁壮的催化剂。此外，有些色素还能让植物呈现出不同的颜色，如胡萝卜素。当秋天到了，叶片染上了黄色、红色等不同的色彩，这就是因为日照的时间变少，温度降低，所以植物叶片中的叶绿素来不及合成，让原本叶片中的胡萝卜素显露出来。另外，红薯、木瓜、玉米、杧果当中也都含有丰富的胡萝卜素呢！

红艳欲滴的桑葚，真让人想咬一口。

植物染色剂

植物色素丰富多彩，也点缀了我们的生活。古人们就已经懂得使用各种植物作为染料。有些植物色素是水溶性的，如花青素，只要将植物经过压榨或水煮，就可以产出水溶性染剂。有些植物色素不溶于水，但是溶于酒精，所以必须用酒精来萃取。想想看，生活当中有什么植物可以作为染料呢？

以各种蔬果作为染剂，将白色的蛋壳染成了各种颜色。你能不能看出这些颜色来自哪些植物呢？

故事时间

夏洛特的网

农场诞生了 11 只小猪,其中有一只因为抢不到妈妈的奶水,所以长得不好,原本就要被主人杀掉了,所幸被农场主人的小女儿芬儿救下,将它取名韦伯,并带到叔叔的谷仓中饲养。

小猪韦伯虽然暂时逃过了被杀的命运,但它还这么小,正是需要照顾、陪伴的时候。而这间农场里的其他动物,因为和韦伯还不熟,不愿多关心一下这个新住客。在一个孤单的夜晚,角落出现了一声微弱的"晚安",韦伯好开心,却找不到声音的主人。声音说,明早太阳出来的时候,就能见到它了。

当早晨的阳光洒落在谷仓的地上时,小猪发现了声音的主人,是住在门框上方的母蜘蛛夏洛特。韦伯和温柔的夏洛特变成了无话不谈的朋友。

当圣诞节即将来临时,韦伯从小老鼠的口中得知,自己将成为餐桌上的圣诞大餐,它难过极了。夏洛特一边安慰韦伯,一边思索着要如何才能帮它逃离这个困境。

　　"有了,这样一定可以让小猪变得很特别!"夏洛特从松脱的蜘蛛网中得到了灵感,她开始织啊织,从左边荡到右边,再从上面爬到下面,第二天一早,农场主人踏进谷仓,赫然发现门上挂着闪亮亮的蜘蛛网,上面写着"好棒的小猪"。农场主人又惊又喜,一时忘了圣诞大餐的事,决定帮小猪报名参加年度动物选拔赛。

　　虽然怀孕让夏洛特身体很不舒服,但它知道唯有当选冠军,才能让韦伯不被当成盘中肉。最后,夏洛特在比赛会场织出了最复杂,也是最能代表小猪的字——谦虚,让小猪获得了比赛冠军,逃离被杀的命运。夏洛特在临死前生下了它的蛋,它和韦伯说,能在有限的生命里帮助到小猪是最有意义的事。伤心的韦伯带着夏洛特的蛋回到农场等待孵化。春天时,小蜘蛛们终于诞生了,每一只都朝着空中抛出了连接未来的丝线,慢慢地飞向了远方。

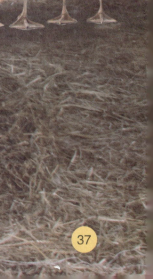

科学教室

母蜘蛛吐丝,做成一个卵囊。有些蜘蛛的卵囊可以孵化出一两百只小蜘蛛哦!

蜘蛛与蜘蛛丝

蜘蛛究竟是从哪里吐出蜘蛛丝的呢?

仔细看,在蜘蛛的尾端有凸出的丝疣,这就是蜘蛛喷出蜘蛛丝的地方。全世界有4万多种蜘蛛,每一种都能喷出蜘蛛丝。蜘蛛丝有什么功能呢?蜘蛛丝就像是蜘蛛修筑的高速公路,可以帮助蜘蛛在空中飘移、从半空中垂挂身体、猎捕食物,或是建造巢穴和婴儿房……蜘蛛丝是蜘蛛重要的生存工具,让蜘蛛们成为名副其实的昆虫杀手、厉害的掠食者。而且大多数的蜘蛛还可以把蜘蛛丝当作食物一般吞到肚子里,充分"回收"蜘蛛丝,一点儿也不浪费呢!

小蜘蛛吐出蛛丝,随着风飘在空中,直到找到合适的居所。

蜘蛛的身体部位

蜘蛛是节肢动物,它们都是肉食性的哦。

蜘蛛丝学问大

蜘蛛丝的成分是纤维状的丝心蛋白，当蛛丝还在蜘蛛的肚子里时，是呈液体状的，通过丝疣喷出来的蛛丝，接触到空气后就变成固体。蜘蛛可以分泌出至少6种不同类型的蜘蛛丝，分别从不同的丝疣喷出，具有各自的功能。有的具有黏性，可以用来捕捉猎物；有的用来包裹猎物；有的则用来做坚固的蜘蛛网。蜘蛛丝的结构很复杂，但是非常坚韧、防水，而且非常的轻巧（不到500g的蜘蛛丝，就能环绕地球一圈）。蛛丝还抗菌，不会引发人体的免疫反应，许多科学家争相研究蜘蛛丝，希望能研发制作出类似蜘蛛丝的材料，应用在军事、医学、纺织业等各种用途上。

我的蜘蛛丝功能很多吧？人类还要向我学习呢！

蓝色是具有黏性的螺旋丝，用来捕猎；红色是不黏的蜘蛛丝，让蜘蛛行走。

某些圆蛛科蜘蛛会在蜘蛛网上做出白色锯齿状的明显丝线，目的可能是在吸引猎物上门。

烤肉上的头发

春秋五霸之一的晋文公，是个爱吃烤肉的人，他专门设立一位御厨为他准备烤肉，而这位厨师也深得晋文公喜爱。

有一次在用餐时，送上来的烤肉上竟然缠绕着一根头发，晋文公发现后勃然大怒，当场说要召见厨师。

这位御厨心里想，若非国君褒扬我，不然就是我的料理出了什么问题。他怀着忐忑不安的心情来到晋文公面前。"你是想

噎死我吗？这烤肉上怎么缠着一根头发？"晋文公质问厨师。

厨师很快就明白是怎么一回事了，他知道自己被栽赃了。但是他知道依照晋文公的个性，为自己托词反而不利，于是他反其道而行，对着晋文公磕头请罪："臣知错了，臣有三个死罪，第一，臣把刀子磨得跟宝剑一样锋利，竟然切得断肉，切不断头发；第二，用木棍穿过肉块，臣竟然对肉上的头发视而不见；第三，在高温的炭炉上烤肉，肉熟了，头发却未见焦黑。"

晋文公想了想厨师讲的话，这根头发确实不太合理啊……

厨师接着说："也许是有忌恨我的人这么陷害我，臣想到的只有一人。"果不其然，当晋文公传唤那名陷害厨师的人进殿时，他就认罪了。机灵的厨师也成功解除了这次危机。

烤肉怎么这么香？

你吃过烤肉吗？是不是觉得烤肉的香气逼人，令人垂涎三尺呢？为什么一片片血淋淋的生肉，经过高温烘烤后会变成香喷喷的烤肉呢？

原来肉类里含有丰富的脂肪、蛋白质，以及醣类等各种物质。当加热温度高达140℃时，这些物质就会被氧化，散发出独特的香气，而你所闻到的烧肉正是这几百种气味混合成的一股味道。而由于各种肉类的组成成分不同，烤鱼、烤鸡和烤牛肉的香味也不一样。不知道你的嗅觉能不能分辨出来呢？

高温让肉类散发出迷人香味。

暗藏烤肉里的危机

利用木炭燃烧加热的烤肉，暗藏着健康的危机，因为食物中的蛋白质、脂肪、碳水化合物在长时间高温烧烤下，会裂变产生致癌物质。而腌制或加工过的肉类如香肠、腊肉和培根里也经常添加了硝酸盐以防止腐败。硝酸盐和胃酸反应会生成亚硝胺，也影响人类的健康。

小心腌制肉类中的硝酸盐！

焦糖布丁与香煎牛排

高温让砂糖焦糖化了。

焦糖有一种微苦的特殊香气，淋在布丁上能增加香浓甜腻的口感。我们熟悉的焦糖，是砂糖等糖类加热到180℃左右，脱水之后产生的。我们将这种反应称为"焦糖化"，这与香煎牛排所产生的蜜糖色物质不太一样。因为牛排中除了糖类，还含有蛋白质，当糖类与蛋白质一同加热至140℃以上时，两者就会产生化学变化，我们称为"梅纳反应"。将洋葱在锅里炒到有些微变色而产生甜味，也是在锅里发生了梅纳反应哦。

然而有研究指出，食物在如此高温的环境下烹调，虽然会变得美味，但也会产生少许危害人体健康的物质。所以当我们在外面吃饭时要尽量选择以清蒸、水煮、汆烫的方式料理出的食物，少碰烧烤、油炸的肉类和淀粉，才能保护身体健康。

让我用梅纳反应将这些食材变得更好吃吧！

莴苣姑娘的长发

有一对夫妇非常想要孩子,他们一直祈求上帝能赐给他们一个孩子,最后妻子终于怀孕了。他们的屋子后方有个窗户,可以看见一个美丽的花园,花园里种着漂亮的莴苣,看起来鲜脆爽口。怀孕的妻子好想吃莴苣,于是丈夫就冒险去偷割了几棵给妻子解馋。

然而这座花园是属于一个法力高强的女巫,当女巫发现莴苣被偷时,非常生气,决定惩罚这对夫妻。但是丈夫哀求说:"我的妻子怀孕了,真的很想吃莴苣,我才会忍不住偷割的。"女巫说:"好吧!你们要吃多少就割多少,可是你们的小孩儿生下来就必须交给我,放心,我会待他如自己的亲生骨肉的。"

夫妻俩非常害怕,但也只能答应这个要求。于是当小女婴出生时,女巫就把她带走了,取名为莴苣,并且在她12岁那年,将她关到森林深处的高塔里。

　　这座高塔没有楼梯，也没有门，外界的人无法进入。女巫让莴苣留了一头浓密漂亮的金色长发，大约有15米长。当她想进去时，就在底下大喊："莴苣、莴苣，把你的头发垂下来。"莴苣姑娘就会从窗口放下她的长发，让女巫能够攀爬上去。

　　就这样一两年过去了，有一天王子经过高塔，看见莴苣在窗口唱着歌，他被歌声深深打动了。他每天都去高塔旁边听，却找不到可以攀上高塔的楼梯。有一次遇到了女巫，他躲起来，看见女巫竟然借着莴苣美丽浓密的金色长发进入高塔，于是他也想试试。

　　"莴苣、莴苣，把你的头发垂下来……"当头发垂下来时，王子就顺着爬了上去。莴苣看到眼前是一个陌生的男子，大吃一惊。王子告诉莴苣外面的世界有多美好，并向她求婚，打算带着莴苣姑娘逃出高塔。

头发真的可以留这么长吗？

每个人每天都会长出100~200根新头发，而一根头发的生长速度是每个月1~1.5厘米。若是按照这样的生长速度去计算，一个人要是50年都不剪头发，那么他的头发长度可能有6~9米长。不过，我们也必须考虑头发是不是能一直维持这样的生长速度。头发的生长可以分成三个阶段：生长期、停止期和稳定期。在2~7年的生长期间，头发的生长速度最快。之后头发会停止生长约3周，再来是3个月的稳定期，然后就会脱落。也就是说，头发的寿命通常不会超过8年。因此，要将头发留到惊人的长度是不太可能的。

不过，自然界就是有例外。美国有一名50岁的女子，她28年都不曾剪头发，头发长度达17米！所以，若是莴苣姑娘的金发能从高塔垂降至地上，那么除非她的头发状况很特殊，不然她一定是一个已经上了年纪的女人。

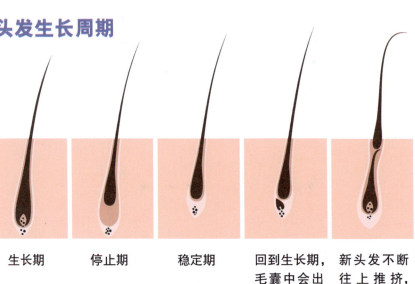

头发生长周期

| 生长期 | 停止期 | 稳定期 | 回到生长期，毛囊中会出现新的头发。 | 新头发不断往上推挤，旧头发脱落。 |

我有15米长的头发，莫非我现在已经40多岁啦？

猜一猜，你的长头发要留多久，才会长至腰部呢？

头发的成分和特性

我们的头发和指甲都是由角蛋白所组成，角蛋白是一种纤维状的硬蛋白质，也是皮肤角质层的主要成分。

蛋白质其实是一种营养素，它由多种氨基酸组成。当我们吃进了蛋白质之后，它就会被分解成各种氨基酸，而后这些氨基酸在被我们吸收后，会被运送到身体各处组装成各种新的蛋白质，角蛋白就是其中一种。一个一个的角蛋白会先以螺旋形的方式堆叠起来，形成一条一条的长条状结构，而后，这些长条结构再缠绕结合起来，构成我们的头发。

头发的第一个特征是强度。有人发现同等重量的头发强度，跟钢铁居然是差不多的！这样的特性让科学家开始思考，头发或许可以用来制作成防弹背心呢。头发的第二个特性是弹性非常好，因此头发虽然细，却很不容易被拉断。据说，曾经有一位英国人用自己的头发将12.1吨的汽车拖着走，打破了吉尼斯世界纪录哟。另外，因为头发里没有神经，所以剪头发是不会痛的。

角蛋白的螺旋形长条状结构，使我们的头发相当坚硬且具有弹性。

蜂王的报恩

从前有三位王子，大哥和二哥决定要到外面的世界闯荡，于是出了王宫，就再也不肯回家了。最小的弟弟出门寻找哥哥们，好不容易找到了，哥哥们却劝他要趁年轻，出来一起游历增长见识，于是三兄弟一同去冒险。

他们在旅途中遇到了大蚁穴，两位哥哥想把蚁穴推倒、挖开，但弟弟看见慌张的蚂蚁在逃窜，于是阻止了他们。不久他们到了湖泊边，看见湖面上有许多野鸭，两位哥哥想抓几只烤来吃，弟弟却说："你瞧！它们多自由，请别杀它们……"随后他们又发现了树上的大蜂巢，两位哥哥想吃蜂蜜，动起破坏的念头，弟弟也及时阻止了哥哥们。

最后三兄弟来到一座城堡，城堡里没有人，只有大理石做成的骏马和人物。他们穿过一间又一间的房子，终于发现了一位头发苍白的老人，老人默不吭声地领他们来到桌前，吃了丰盛的晚餐，又让他们睡上一顿好觉。隔天便带他们去看一座石碑，原来城堡被施了魔法，他们每天都要完成一个任务，才能解救这座城堡，若没有完成任务，他们也都会被变成大理石。

第一个任务：在森林苔藓下，找回公主散落的1000颗珍珠。

第二个任务：将公主卧房的钥匙从湖底打捞上来。

第三个任务：在三位公主中找出最年轻的小公主。三位公主的长相完全相同，不同的是，大公主吃过一块糖、二公主吃过一些糖浆、小公主吃过一勺蜂蜜。

大王子和二王子连第一天的任务都无法完成，于是他们都变成了大理石。

小王子在第一天的任务中，得到蚂蚁的帮助，在森林找回了1000颗珍珠。第二天，小王子获得鸭子的帮助，在湖底找着了钥匙。第三天，小王子进入了公主的房间，但却不知道谁才是小公主，正发愁时，蜂王出现了，它告诉小王子是谁吃过了蜂蜜。最后小王子成功地解开城堡的魔咒，娶了小公主，两位哥哥也幸运获救，分别娶了大公主和二公主。

液体黄金——蜂蜜

蜂蜜是怎么来的呢？当外出采蜜的工蜂辛劳地从花朵中采出花蜜，吞进肚子里之后，会经过初步消化，把富含蔗糖的花蜜转变成葡萄糖和果糖。回到蜂巢之后，工蜂会将一部分消化过的花蜜吐出来，形成小泡泡，巢里的蜜蜂不停地扇动翅膀，将花蜜中里的水分蒸发掉，然后再吞进去。就在这不断吞吐的过程中，蜂蜜就产生了。也就是说，蜂蜜中的水分含量比较低，所以不容易长霉或产生细菌。此外，工蜂在采蜜时，也同时采集花粉，故蜂蜜中常含有花粉、蛋白质、脂质和胶质，如果在蜂蜜中加水摇晃，蜂蜜水会呈现混浊状，且产生的泡沫久久不散，这也是简单辨别真假蜂蜜的方法哦！

扫一扫，看视频

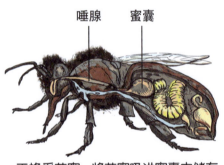
唾腺　蜜囊

工蜂采花蜜，将花蜜吸进蜜囊中储存，回蜂巢后再吐出来，让巢里的蜜蜂接手，慢慢把花蜜转化成蜂蜜。

蜂蜜的益处

蜂蜜富含葡萄糖（人体容易吸收）、有机酸以及酵素，所以长久以来被人们视为液体黄金，对于改善咳嗽、补充体力有不错的效果。可是并非所有的人都能食用蜂蜜，这是因为蜂蜜中可能含有肉毒杆菌，免疫力不好的人，如1岁以下的宝宝和糖尿病患者，都要避免食用蜂蜜哦！

蜂胶与蜂王浆

除了蜂蜜，蜜蜂还会制作"蜂胶"与"蜂王浆"。蜂胶是蜜蜂从特定植物的树皮中采集来的树脂，带回蜂巢之后，加入蜜蜂的分泌物、蜂巢和花粉等物质所制成。蜂胶是蜜蜂的黏着剂，可以用来填补蜂巢、抑制蜂巢中的有害细菌。由于蜂胶具有很好的抗菌、抗病毒的功效，故常常被做成各种抗菌的保养品。

蜂王浆是工蜂唾液腺分泌出来的乳状物质，是专门提供给蜂王幼虫吃的营养品。女王蜂因为只吃蜂王浆长大，所以体型比一般工蜂还要大，也具有生育的能力。蜂王浆中含有各种氨基酸、矿物质、维生素B群，以及能杀菌、抗发炎的有机酸、蛋白质和荷尔蒙，营养丰富，自古以来被人类视为珍贵的圣品。

图中的女王蜂，从小就吃蜂王浆长大，所以体型比其他工蜂要大得多。

蜂王浆

蜂胶

我是喝蜂王浆长大的哦！

摩西的诞生

　　在公元前1300多年，住在埃及的希伯来人（就是现在的犹太人）过着奴隶的生活，埃及法老甚至一度下令要接生婆杀掉希伯来人刚出生的男婴来控制人口数量。有一个希伯来女子生了一个男孩儿，她不忍心杀掉自己的骨肉，把孩子藏了3个月，然而再大就藏不住了，她只好忍下心来，用蒲草编织成一个箱子，在箱子外头涂上石油和石漆防水，然后把孩子放在里面，推进小河里任由它随波漂流。

　　小男婴的姐姐远远站着，想知道弟弟究竟会怎么样，于是一路跟随着蒲

草箱往下游跑去。正巧遇到了法老的女儿。这个公主发现了，好奇地打开来看，里面居然是个希伯来婴儿！婴儿长得非常可爱，于是公主决定收养这个可怜的弃婴。

这时候小婴儿肚子饿了，哇哇大哭。公主怜悯他说："这个可怜的孩子饿了啊……"小男婴的姐姐从芦苇丛中冒出来，对公主说："我去从希伯来人当中请一个奶妈，替你乳养这个孩子好吗？"公主同意了，说："你帮我找个奶妈来喂养他，我会给你工钱。"于是姐姐开心地回家告诉妈妈，并将妈妈带到公主面前。

公主收养了这名男婴，让他在宫里长大，给他取名为摩西，"因为我把他从水里拉上来。"公主这么说。摩西长大以后变成一位希伯来人的领袖，后来还带领一部分的希伯来人渡过红海，逃离埃及王的统治。

石油中的沥青

沥青的来源是"石油"。使用现代科技，我们可以将石油中所含的"汽油""煤油""柴油""润滑油"分离出来，最后所剩下的残渣就是沥青。利用这种方法所制作出来的沥青又被称为"人工沥青"。古埃及时代，人类并没有这类技术可以把原油变成沥青，那么他们是怎么取得沥青的呢？其实，大自然中也有"天然沥青"。当地面下的石油渗漏到地表，经过长期风吹日晒后，石油中的油料也会被蒸发掉，此时所残留下来的部分就是沥青了。其实，有关石漆、石油的发现和使用，中国是最先开始的。"石油"一名首见于沈括的《梦溪笔谈》。中国大约在西汉时已发现石油，东汉著名历史学家班固曾在著作《汉书·地理志》记载道："上郡高奴县（指延安一带），有洧水，肥可燃。"即石油浮于延河水上，可作燃料。据考证，这是目前对石油最早的记载。

铺设马路的材料，是沥青混合着粗砂、玻璃砂等制成的。

石油可是救了我一命呢！

石油用途多

石油除了可产生沥青，还可以提炼出各种不同用途的油料，最重要的是让引擎可以运转的燃料。这些燃料包括了使用于汽车的汽油；使用于卡车、火车和船舰的柴油；使用于喷射机和火箭的煤油。石油还可产生各式各样的润滑油，可使用于工业或医学。餐厅和某些家庭的厨房中经常可见罐装煤气，里头也是液体的"石油气"。此外，许多民生必需品的原料也都是石油，如轮胎、塑胶制品和农业肥料等。

原油炼制

石油开采出来后，进入炼油工厂中加热，然后引导入分馏管里。分馏管可以将石油中较重的成分和较轻的成分分开。最轻的石油气会出现在分馏管的最上面，可制作成罐装煤气（也就是液化石油气），最重的沥青则会沉淀在分馏管底部。其他产物则介于中间。

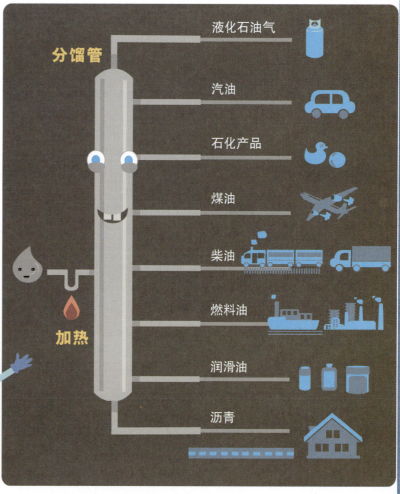

蔡伦造纸

严格说起来，蔡伦并不是发明纸的人。考古学家发现早在西汉初期就有麻纸的存在，比蔡伦那个年代早了两三百年。但是蔡伦对纸的改良功不可没，现在就让我们来看看蔡伦的故事吧！

东汉时期，一般人都会将字写在竹片或木片上，称为简牍，然后再把它们串成册，每一册都体积庞大，十分笨重，有钱人家偶尔才会使用价格昂贵但是较轻便的绢帛。蔡伦是汉和帝邓皇后身边最受信任的宦官（也就是太监），邓皇后很喜欢写字画画，但是却找不到好用的书写材料，蔡伦很想帮皇后解决这个问题。经过皇帝和皇后的同意之后，蔡伦开始搜集自古以来的造纸经验，他结集了一批工人，利用各种材料来做实验。他用树皮、破布、杂碎的短麻，以及

渔网作为材料，将原料捣烂成浆状，然后平铺在有细缝的滤网上滤除水分，等干燥了就会形成纸张。经过一次又一次的试验，终于用植物纤维制造出比较好用的纸。最重要的是，他做出来的纸，比简牍轻太多了，原料又非常便宜，获得了汉和帝的大力称赞，并将之命名为"蔡侯纸"。

蔡伦改良纸的技术很快就被推广到全国各地，让文字抄写便利许多，知识的传播也更加迅速。造纸术经过后人多次改良，又陆续传播到朝鲜半岛、日本，到了唐代，造纸术更因为一场战争而传到阿拉伯（当时称为大食），再辗转流入世界各地，成为西方文明重要的推动力，造纸术也被称为中国古代四大发明之一。

现代造纸术

现代的造纸技术，可以分为以下几个主要程序。

1. 利用碱性化学药品将植物的木质素、丹宁等溶解性的物质分离，再将植物纤维经漂白、干燥等步骤制成纸浆。

2. 将纸浆加入水中打散，经过打浆、加胶填充等步骤来调制纸料，这个步骤会影响到纸张的特性和保存期限。

3. 将调制好的纸浆放入抄纸机，经过一连串压榨、干燥、上胶、压光等步骤，变成一卷卷的纸。

4. 将一大卷的纸材裁切、包装，就变成我们常见的纸了。

现代造纸的速度真快啊！一切都由机械完成。

扫一扫，看视频

❶ 将原木切成碎片。

❷ 浸泡、软化木头纤维，调制成纸浆。

❸ 纸浆进入抄纸机开始做工。

❹ 制好的纸卷还要再经过裁切等步骤才能使用。

千变万化的纸

生活中的纸，有着千变万化的样貌。常见的有书本用纸、报纸、防水耐热的纸杯、纸餐盒，还有具有强度，可用来包装材料的瓦楞纸箱，以及生活必需的卫生纸、纸巾或面纸。

合成纸撕不破又防水，很适合制成军用地图。

然而有一种合成纸，外观看起来和一般的纸无异，但是它的原料不是来自于木材，而是来自石化原料。合成纸是由塑胶和天然石粉制造而成的，由于生产的过程较不容易产生有毒污染物，具有可以多次回收，重复再利用等特性。近年来，人们环保意识加强，如今世界各国对合成纸的需求也越来越高，合成纸拥有经济环保、耐磨、耐折、强度高、撕不破、表面光滑适合印刷、适合加工及防水等许多优点，因此在某些领域中已经逐渐取代传统用纸了。

爱护地球，持续发展

纸张的主要来源是木材，为了造纸就必须砍伐森林。然而森林是许多动物的家，失去森林的庇护，野生动物们也无法存活。除了不要浪费纸，我们在购买卫生纸等各类产品时，不妨注意产品的纸浆来源，以及是否通过FSC（森林管理委员会），或者其他永续经营的认证，发挥消费者的影响力来爱护地球的纸资源。

糖果屋

韩森与葛丽特这对兄妹真是可怜，连续几年的旱灾，家里实在没有钱可以养活他们了，继母和父亲决定偷偷把他们兄妹俩丢掉。

韩森偷听到了一切，他趁天色未亮时带着妹妹去捡了一堆小石头藏在口袋里。天亮了，爸爸带着韩森和葛丽特走到森林的深处后便离开了，没想到韩森早有准备，他利用捡来的小石头，沿路做记号，结果带着妹妹成功找到回家的路。

这次继母和父亲决定要再度遗弃他们，他们将房门锁上，让兄妹俩没办法捡小石头做记号。

爸爸又将韩森和葛丽特带往森林，他们找不到路，只好在森林里乱转，走着走着，家里带出来的面包吃光了，兄妹俩饿得头昏眼花，看到一只白色的小鸟站在枝头上唱歌，兄妹俩跟随这只小鸟的歌声，来到了一栋屋子面前。

"哇哦！这是糖果屋哇！"饥饿的兄妹不顾一切，冲上前去开始啃食饼干做的门板、糖果做的窗框……

"你们是谁家的孩子，竟敢吃我的房子！"屋里走出了一位老巫婆。兄妹俩吓坏了，连忙道歉。老巫婆要求兄妹俩替她做家务，才愿意原谅他们。其实她是一位专门吃小孩儿的坏巫婆。当她引诱兄妹俩进门后，找到机会就把韩森关了起来，然后要求葛丽特做所有的家务。她每天喂韩森吃很多好吃的东西，想把韩森养胖后烤着吃。

几个星期过去了，眼睛不好的老巫婆只能用摸的方式，来看看韩森有没有长胖，然而聪明的韩森都伸出吃剩的鸡骨头让巫婆摸。有一天老巫婆决定不等了，她马上就要把韩森烤来吃，她叫葛丽特生起火炉时，葛丽特假装不会生火，请老巫婆来帮忙察看，趁机将她推进火炉堆，老巫婆就这样被烧死了。

葛丽特成功救出韩森后一起离开糖果屋，想找到回家的路。这时继母和爸爸后悔抛弃他们，也正在森林里寻找他们。一家人团圆了，并且承诺以后不管遇到什么事情，都永不分离。

各式各样的糖

说到"糖",你的脑中出现的第一幅图是什么样的?

是一颗色彩鲜艳的糖果?是一包白色的砂糖?是一块黑色的黑糖,还是一匙金黄色的麦芽糖呢?

糖的来源有很多,几乎都从植物而来。甜菜根中可以萃取出甜菜糖蜜;甘蔗汁可以浓缩出砂糖、红糖、黑糖和冰糖;枫树的汁液可以产生枫糖;棕榈树的花蜜可以熬煮成棕榈糖;麦芽糖则是用小麦草的酵素让糯米发酵而得。这些糖类虽然是从不同植物而来,但是成分都是以"蔗糖"这种双糖为主。

此外还有"木糖醇""甜菊糖"等代糖,它们虽然有甜味,但是化学结构和蔗糖不同,不会造成蛀牙,热量低,所以时常代替蔗糖作为食品的甜味剂。不过代糖也不容易被人体吸收利用,容易导致代谢问题。

工人爬上棕榈树,劈开花蕾,用桶采集棕榈花蜜。

在离地约1.4米的枫树树干上打孔,插上一根金属管,底下放置一个桶来收集枫树汁液。

人体喜欢的糖

生活中，糖几乎无处不在。动、植物都需要糖作为能量的来源。但是你可知道糖拥有许多种形态吗？储存在植物中的糖是淀粉，而储存在人体中的糖是肝糖，这两种都是分子比较大的多糖，当我们的身体需要使用糖的时候，就会把多糖转化成单糖——葡萄糖，才能成为身体的能量来源，或是合成其他物质的原料。所以我们的身体细胞只喜欢吃葡萄糖，其他的糖类，如果糖，对我们来说并不是那么有用。当果糖进入人体后，只有肝脏愿意接受它，将它转化成葡萄糖和乳酸。如果常常食用果糖，就会造成肝脏的负担，使肝脏无法执行其他任务，进而产生代谢的疾病。许多蔬菜、水果、根茎类、谷物中都含有蔗糖，可以转换成1:1的葡萄糖和果糖。因此我们从这些天然食材中就能摄取足够的葡萄糖，若是又额外吃了其他含果糖的零食、饮料，就会造成糖分摄取过量，增加身体的负担。

哼哼……厉害吧！用白砂糖和水麦芽，加上我高超的拉糖技术。

请问……这间糖果屋是怎么做的？

小牛顿 科学与人文

成语中的科学（全6册）

中国源远流长的五千年文明，浓缩发展出了充满智慧的成语。在这些成语背后，其实有着与其息息相关的科学知识。本系列将之分为植物、动物、宇宙、物理、化学、地理、人体等多个领域。根据每则成语的出处背景或意义，编写出生动有趣的故事，搭配精细的图解，来说明成语背后所蕴含的科学原理，让孩子在阅读成语故事时，也能学习科学知识！

内容特色：

1. 涵盖植物、动物、宇宙、物理、化学、地理、人体等七大领域。
2. 用90个主题、180个细分科学知识点来讲解，近千幅全彩高清插图配合知识点丰富呈现，内容详实有深度。
3. 配以23个有趣的科学视频进行拓展，扫描二维码即可快捷观看，利用多媒体延伸阅读。
4. 将"科学"与"人文"相结合，将科学的触角伸入更多领域，使科学更生动、多元、发散。

全套6册精彩内容
90个成语
180个科学知识点
23个科学视频

每册15个成语故事 · 充满童趣的插画风格 · 深入浅出地介绍成语中的科学原理 · 浅显易懂的图示讲解 · 丰富多元的知识拓展

扫一扫二维码，可观看科学小视频。登录现代出版社官网（www.1980xd.com），还可以在线观看及下载全套视频。

小牛顿 科学与人文

故事中的科学（全6册）

故事除了有无限丰富的想象力，还可以带给孩子什么启发呢？本系列借由生动的故事，引发儿童的学习动机，将科学原理活泼生动地带到孩子生活的世界，拉近幻想与现实的距离，让枯燥生涩的科学知识染上缤纷色彩。本系列分成动物、植物、物理、化学、地理、宇宙等领域，让孩子在阅读过程中，对科学知识有更系统性的认识，带领孩子从想象世界走进科学天地。

内容特色：

1. 涵盖动物、植物、物理、化学、地理、宇宙等六大领域。
2. 用90个主题、180个细分科学知识点来讲解，近千幅全彩高清插图配合知识点丰富呈现，内容详实有深度。
3. 配以24个有趣的科学视频进行拓展，扫描二维码即可快捷观看，利用多媒体延伸阅读。
4. 将"科学"与"人文"相结合，将科学的触角伸入更多领域，使科学更生动、多元、发散。

全套6册精彩内容
90个故事
180个科学知识点
24个科学视频

深入浅出地介绍故事中的科学原理

扫一扫二维码，可观看科学小视频。登录现代出版社官网（www.1980xd.com），还可以在线观看及下载全套视频。

每册15个趣味故事

丰富多元的知识拓展

浅显易懂的图示讲解

充满童趣的插画风格

版权登记号：01-2018-2124

图书在版编目（CIP）数据

白娘子为什么怕喝雄黄酒？：故事中的神秘化学/小牛顿科学教育有限公司编著．—北京：现代出版社，2018.6（2021.5重印）

（小牛顿科学与人文．故事中的科学）

ISBN 978-7-5143-6946-5

Ⅰ. ①白… Ⅱ. ①小… Ⅲ. ①化学—少儿读物 Ⅳ. ① O6-49

中国版本图书馆 CIP 数据核字（2018）第 054253 号

本著作中文简体版通过成都天鸢文化传播有限公司代理，经小牛顿科学教育有限公司授予现代出版社有限公司独家出版发行，非经书面同意，不得以任何形式、任意重制转载。本著作限于中国大陆地区发行。

文稿策划：苍弘萃、林季融
插　　画：杨佩宜 P4～7、P12、13、P15、P20、21、P23～26、P32、33、P35、P40、41、P43、P48、49、P51、P56～58、P60、61、P63
　　　　　陈志鸿 P28、29
照　　片：Shutterstock P6～P11、P14～19、P22、P23、P26、P27、P30、31、P34～39、P42～47、P50～55、P58、59、P62、63

白娘子为什么怕喝雄黄酒？
故事中的神秘化学

作　　者	小牛顿科学教育有限公司
责任编辑	王　倩
封面设计	八　牛
出版发行	现代出版社
通信地址	北京市安定门外安华里 504 号
邮政编码	100011
电　　话	010-64267325　64245264（传真）
网　　址	www.1980xd.com
电子邮箱	xiandai@vip.sina.com
印　　刷	永清县晔盛亚胶印有限公司
开　　本	889mm×1194mm　1/16
印　　张	4.25
版　　次	2018 年 6 月第 1 版　2021 年 5 月第 5 次印刷
书　　号	ISBN 978-7-5143-6946-5
定　　价	28.00 元

版权所有，翻印必究；未经许可，不得转载